essentials

essentials liefern aktuelles Wissen in konzentrierter Form. Die Essenz dessen, worauf es als „State-of-the-Art" in der gegenwärtigen Fachdiskussion oder in der Praxis ankommt. *essentials* informieren schnell, unkompliziert und verständlich

- als Einführung in ein aktuelles Thema aus Ihrem Fachgebiet
- als Einstieg in ein für Sie noch unbekanntes Themenfeld
- als Einblick, um zum Thema mitreden zu können

Die Bücher in elektronischer und gedruckter Form bringen das Expertenwissen von Springer-Fachautoren kompakt zur Darstellung. Sie sind besonders für die Nutzung als eBook auf Tablet-PCs, eBook-Readern und Smartphones geeignet. *essentials:* Wissensbausteine aus den Wirtschafts-, Sozial- und Geisteswissenschaften, aus Technik und Naturwissenschaften sowie aus Medizin, Psychologie und Gesundheitsberufen. Von renommierten Autoren aller Springer-Verlagsmarken.

Weitere Bände in dieser Reihe http://www.springer.com/series/13088

Florian Schrammel · Ernst Wilhelm

Rechtliche Aspekte im Building Information Modeling (BIM)

Schnelleinstieg für Architekten und Bauingenieure

RA Dr. Florian Schrammel
München, Deutschland

RA Ernst Wilhelm
Berlin, Deutschland

ISSN 2197-6708 ISSN 2197-6716 (electronic)
essentials
ISBN 978-3-658-15705-0 ISBN 978-3-658-15706-7 (eBook)
DOI 10.1007/978-3-658-15706-7

Die Deutsche Nationalbibliothek verzeichnet diese Publikation in der Deutschen Nationalbibliografie; detaillierte bibliografische Daten sind im Internet über http://dnb.d-nb.de abrufbar.

Springer Vieweg

Gedruckt auf säurefreiem und chlorfrei gebleichtem Papier

Springer Vieweg ist Teil von Springer Nature
Die eingetragene Gesellschaft ist Springer Fachmedien Wiesbaden GmbH
Die Anschrift der Gesellschaft ist: Abraham-Lincoln-Str. 46, 65189 Wiesbaden, Germany

Was Sie in diesem *essential* finden können

- Vorstellung der Planungsmethode BIM (Building Information Modeling)
- Darstellung der Ziele sowie Vor- und Nachteile der Methode BIM
- Rechtliche Rahmenbedingungen der Implementierung von BIM in Planerverträge sowie Vorstellung des Regelungsbedarfs insbesondere zu den Fragen der Vergütung, Haftung und Schnittstellen
- Rechtliche Rahmenbedingungen für die Aufgaben des BIM-Managers, insbesondere Vertragstyp, Vergütung, Haftung und Schnittstellen
- Möglichkeiten der Versicherung sowie Darstellung der urheberrechtlichen Aspekte im Zusammenhang mit BIM
- Darstellung vergaberechtlicher Aspekte bei der Implementierung von BIM

Inhaltsverzeichnis

Building Information Modeling – Eine Einführung

1

1.1 Building Information Modeling – Begriffsdefinition

Building Information Modeling (BIM) ist eine im Ausland erprobte, in Deutschland jedoch noch neuartige Planungsmethode, die auf digitaler Basis ein virtuelles Modell des Bauvorhabens erstellt, in welches die gesamte Objekt- und Fachplanung integriert ist. BIM dient der Beschreibung und Entwicklung von dreidimensionalen Bauwerksmodellen mithilfe des gemeinsamen partnerschaftlichen Managements (insbesondere Erstellung und Verwaltung) von digitalen Informationen in Bauprojekten. Werden die Modelle neben geometrischen Gebäudeinformationen mit weiteren relevanten Informationen wie z. B. Terminen und Kosten angereichert, ist von einem 4D- bzw. einem 5D-Modell die Rede, welches darüber hinaus sogar geeignet ist, nicht nur in der Planungs- und Errichtungsphase, sondern auch in der Betriebsphase einer Immobilie eingesetzt zu werden (6D-Modell). BIM ist also für alle Phasen im Lebenszyklus einer Immobilie gewinnbringend einsetzbar. Die im Datenmodell festgehaltenen relevanten Informationen dienen als Datengrundlage während der Planung, der Realisierung, des Betriebs und der Erhaltung des Bauwerks (Kemper 2016, S. 426).

In der Praxis kann BIM auf zwei Arten umgesetzt werden. Zum einen kann jeder beteiligte (Fach)Planer sein eigenes Fachmodell erstellen, welches dann über eine einheitliche Schnittstelle (IFC – Schnittstelle) zusammengeführt werden (open BIM). Zum anderen können alle Planungsbeteiligten an einem Datenmodell mittels einer einheitlich vorgegebenen Software zusammenarbeiten (closed BIM) (Eschenbruch 2016, S. 359). In jedem Fall aber erfordert der Einsatz von BIM einen auf partnerschaftliche Zusammenarbeit angelegten Planungsprozess.

Mit BIM wird zuerst virtuell und dann real gebaut. Auch die Bauprozesse können dabei abgebildet werden (Endbericht Reformkommission Bau von

F. Schrammel und E. Wilhelm, *Rechtliche Aspekte im Building Information Modeling (BIM)*, essentials, DOI 10.1007/978-3-658-15706-7_1

Großprojekten 2015, S. 85). BIM ist somit eine Planungsmethode, nicht nur ein Softwareprodukt (Eschenbruch 2016, S. 358). Die Umsetzung dieser Planungsmethode erfolgt durch Einsatz einer Datenplattform, die von einem Baubeteiligten (im Regelfall der Auftraggeber) zur Verfügung gestellt wird. Die Sicherstellung der Administration dieser Datenplattform ist von überragender Bedeutung und Managementaufgabe, die von einem der Baubeteiligten oder einem gesondert zu beauftragenden BIM-Manager wahrzunehmen ist.

BIM bietet insbesondere die Chance, die Schnittstelle zwischen Planung und Errichtung auf der einen und Nutzung auf der anderen Seite auch in der Praxis zu beherrschen. Dies setzt jedoch voraus, dass BIM als Managementaufgabe im Sinne des Building Information Management begriffen wird. Dies ist nicht nur eine spitzfindige begriffliche Unterscheidung, sondern soll für die Praxis zum Ausdruck bringen, dass BIM letztendlich über den gesamten Lebenszyklus einer Immobilie hinweg zu einer eigenständigen Managementaufgabe führt, die letztendlich dem Management, also dem Erstellen, dem Fortschreiben und der Pflege des Gebäudedatenmodells über alle Phasen des Lebenszyklusmodells einer Immobilie hinweg dient.

1.2 Auswirkungen auf den Planungsprozess durch BIM

Der „klassische“ Planungsprozess ist geprägt von zahlreichen Schnittstellen zwischen Objekt- und Fachplanung und dadurch bedingten Reibungsverlusten. Die Planung eines Großprojekts besteht – in der Systematik der HOAI entsprechend abgebildet – aus vielen einzelnen Planungsprozessen (Leistungsbilder, Leistungsphasen sowie Grundleistungen), die von unterschiedlichen Planungsbeteiligten erstellt und unterschiedliche Planungsinhalte zum Gegenstand haben. Neben dem Objektplaner als „Sachwalter des Bauherrn“, dem der Bauherr aufgrund seiner weitreichenden Funktionen (u. a. auch Koordination der übrigen Planungsbeteiligten und Integration derer Planungsergebnisse) besonderes Vertrauen entgegenbringt (Kehrberg 2015, S. 50), gibt es die Fachplaner, die gem. den einschlägigen Leistungsbildern der HOAI ihre Fachplanungsleistungen erbringen (vgl. Tragwerksplanung gem. §§ 49 ff. HOAI i. V. m. Anlage 14 oder Technische Ausrüstung gem. §§ 53 ff. HOAI i. V. m. Anlage 15). Deren Fachplanungsergebnisse werden wiederum vom Objektplaner als demjenigen, welchem die Koordination der einzelnen Planungsbeiträge obliegt, zusammengeführt. Daneben gibt es auch den Projektsteuerer, der seinerseits in Entsprechung zum Leistungsbild der AHO Leistungen vor allem im Bereich der Organisation, Information, Koordination und Dokumentation (Projektstufe „Projektvorbereitung“ gemäß § 2 AHO) erbringt. Gemäß § 1 Abs. 3 AHO hat er Unterstützungsleistungen für den Bauherrn in beratender Funktion zu erbringen. Zentrale Aspekte sind dabei in jeder Projektstufe die Handlungsbereiche „Kosten und Finanzierung“ sowie „Termine, Kapazitäten und Logistik“.

Daran anschließend ist im Rahmen der Errichtungsphase auch der Beitrag der ausführenden Unternehmen zu beachten, welche die zu diesem Zeitpunkt nach dem Grundgedanken der HOAI bereits abgeschlossenen und zusammengeführten Planungsleistungen und -ergebnisse umsetzen. Problematisch hierbei ist, dass zwar nach den einschlägigen Grundleistungskatalogen der HOAI die Planungsleistungen zum Zeitpunkt des Beginns der Errichtungsphase abgeschlossen sein sollen, dies aber zumeist in der Praxis nicht der Fall ist. Oftmals werden in der Errichtungsphase noch Planungsleistungen erbracht, die zu Nachträgen, also Mengenmehrungen/-minderungen sowie geänderten/zusätzlichen Leistungen und somit zu einer Mehrvergütungspflicht des Bauherrn führen (vgl. § 2 Abs. 3 VOB/B sowie §§ 2 Abs. 5/6 VOB/B).

Dem gegenüber will BIM gerade die dadurch bedingte Problematik vermeiden, indem der iterative und koordinierte Planungsprozess und dessen Abschluss vor Beginn der Errichtungsphase durch klar geregelte Prozesse des Projekt- und Informationsmanagements unterstützt wird. BIM sorgt dafür, dass sämtliche Planungsprozesse der Objekt- wie der Fachplaner ineinandergreifen, um auf dieser Grundlage als Gesamtresultat im Sinne des Planerwerks strukturierte Daten und Informationen zum Bauwerk zur Verfügung zu stellen, die sowohl während der Realisierung als auch später im Betrieb Grundlage für einen stringenten Bauablauf sind und Möglichkeiten der Effizienzsteigerung und der Leistungsoptimierung bedeuten. Dies setzt voraus, dass zur Verwirklichung des Datenmodells eine partnerschaftliche Zusammenarbeit aller Beteiligten von herausragender Bedeutung ist (Endbericht Reformkommission Bau von Großprojekten 2015, S. 85).

Die Anwendung von BIM setzt im Gegensatz zu dem in der HOAI beschriebenen Planungsprozess eine konkrete prozessorientierte Beschreibung der Planungsleistungen in Bezug auf das Datenmodell voraus, da ja nicht nur geplant, sondern die Planung anhand eines Datenmodells dargestellt wird. Insoweit gibt es also zwei selbstständige Werkerfolge, nämlich die Sicherstellung des Entstehungsprozesses des Bauwerks durch die Planung und die Erstellung eines Bauwerksmodells mittels BIM. Der Planungsfortschritt in Bezug auf das Bauwerksmodell kann dabei in sog. zeitlich aufeinander folgenden „LOD's“ (Level of detail = Detaillierungsgrad) definiert werden, die selbstständige Teilerfolge auf dem Weg zum geschuldeten Bauwerksmodell darstellen (z. B. Darstellung anhand übergeordneter geometrischer Eigenschaften, Darstellung unter

Berücksichtigung aller relevanten Elementgruppen, Darstellung im Sinne eines ausführungsreifen Modells, Darstellung mit weitergehenden Informationen wie Mengen und Terminen) (Eschenbruch 2016, S. 365, 368). LOD's stellen den Fortschritt der Planung anhand methodenbezogener Leistungsstufen des Datenmodells dar, die selbstständig neben den Leistungsphasen der HOAI vereinbart werden können, aber nicht zwingend vereinbart werden müssen. Von Bedeutung ist dabei, dass die Darstellung der Detaillierungsgrade durch LOD's in Einklang gebracht wird mit dem zeitlichen Ablauf des Planungsprozesses gemäß den Leistungsphasen der HOAI. Dies ist auch vertraglich ohne Weiteres möglich, indem neben der in der Praxis bekannten Definition von Teilerfolgen im Planungsprozess (z. B. Vereinbarung der Leistungsphasen eines Leistungsbildes der HOAI als selbstständige Teilerfolge) auch Teilerfolge in Bezug auf das Bauwerksmodell vertraglich definiert und zeitlich aufeinander abgestimmt werden. Werden diese Teilerfolge nicht erreicht, führt dies zu einem Mangel des geschuldeten Werkes und insbesondere zu einer dadurch bedingten Minderung des Honoraranspruches.

1.3 Ziel des Einsatzes von BIM

Zweck von BIM ist es, den Entscheidungsträgern auf allen Ebenen frühzeitig erforderliche Grundlagen für zielgerichtete Entscheidungen an die Hand zu geben. Damit vermeidet BIM eines der zentralen Probleme bei der Realisierung von Bauprojekten, nämlich fehlende, späte oder falsche Entscheidungen (Endbericht Reformkommission Bau von Großprojekten 2015, S. 86). Im BIM-Leitfaden heißt es hierzu:

> Durch BIM wird ein neues Optimierungsniveau erreicht. Der Fokus liegt bei einer höheren Planungs-, Termin- und Kostensicherheit, die durch die Transparenz über den gesamten Lebenszyklus eines Bauwerks entsteht. Es vereinfacht das Risikomanagement und ermöglicht, die Planungsqualität und die industriellen Fertigungsprozesse besser zu kontrollieren. Der Hauptvorteil von BIM liegt für den Auftraggeber in den umfassenden, offen zugänglichen und von vielen nutzbaren Gebäudeinformationen. Diese qualitativ hochwertigen konsistenten Planungsdaten ermöglichen frühzeitige und belastbare Entscheidungsfindungen (Obermeyer et al. 2013, S. 25).

Letztendlich wird durch BIM erreicht, was in der HOAI schon angelegt ist, aber in der Praxis oftmals nicht umgesetzt wird. Der Planungsprozess hat zwingend der Realisierung vorauszugehen und muss vor der Realisierung abgeschlossen sein.

1.4 Vor- und Nachteile der Anwendung von BIM

Die Verbesserungspotenziale durch die Anwendung der BIM-Methode sind Folgende:

a) Kostensicherheit und Termintreue
   - präzisere Mengenermittlungen und exaktere Leistungsbeschreibungen zur Vermeidung von Nachträgen
   - besseres Risikomanagement durch Vermeidung von inkonsistenten Planungen
b) Effizienzgewinne durch kooperative Projektoptimierung und Problemlösung
c) Erfassung der Lebenszykluskosten in Form einer von Anfang an ganzheitlichen Betrachtung im Sinne des Lebenszyklusmodells
d) Verkürzung der Projekt- und Bearbeitungszeiten
e) höhere Transparenz
   - erhöhte Projekttransparenz und -akzeptanz durch Visualisierung der Bauabläufe
   - Erleichterung der Bedarfsanalyse durch Visualisierung von Planungsvarianten
f) optimierte Kommunikationsprozesse
   - vereinfachte Schnittstellenkoordination
   - Verfügbarkeit von sämtlichen Daten in Echtzeit für alle Projektbeteiligten
   - Möglichkeit der Standardisierung durch Objektkataloge oder Musterleistungsverzeichnisse (Endbericht Reformkommission Bau von Großprojekten 2015, S. 86)

Zusammenfassend ist festzuhalten, dass BIM der Vermeidung von Fehlern, der Schaffung von Produktivitätsvorteilen sowie der Minimierung von Risiken dient.

Dem gegenüber ist allerdings zu beachten, dass die Digitalisierung in Deutschland bisher im Vergleich zum internationalen Bereich nur langsam fortgeschritten ist und daher einheitliche Daten- und Prozessstandards für neue Technologien fehlen. Nach wie vor herrscht Unsicherheit vor allem auch auf Auftraggeberseite, inwieweit BIM überhaupt nutzbar gemacht werden kann und wie es auszuschreiben und abzurechnen ist (Endbericht Reformkommission Bau von Großprojekten 2015, S. 87). Dies bedeutet, dass vor Eintritt in die Planungsphase genau zu überlegen ist, ob unter Berücksichtigung der konkreten Bauaufgabe und der konkret Beteiligten der Einsatz von BIM sinnvoll ist. Der Einsatz von BIM als Allheilmittel ist aufgrund der nach wie vor bestehenden Unsicherheiten jedenfalls aktuell ohne konkrete Bedarfsanalyse noch nicht zu empfehlen. In diesem Punkt ist aber der Architekt als Sachwalter gefragt, der den Bauherren bezüglich des Einsatzes von BIM aufklären und beraten sollte.

Darüber hinaus bestehen derzeit noch Gefahren bei der Anwendung von BIM in folgenden Bereichen:

- überhöhte Erwartungshaltung
- unklare Zielsetzungen
- fehlende Kompetenzen bei der Anwendung von BIM
- fehlende Ausschreibungsstandards (Endbericht Reformkommission Bau von Großprojekten 2015, S. 88).

2 Rechtliche Aspekte

2.1 Einführung

Die BIM-Planungsmethode hat rechtliche Auswirkungen für die gesamte Vertragspraxis. Grund hierfür sind die neuen Anforderungen an die Beteiligten. Da Informationen innerhalb der BIM-Methode über eine zentrale und für Planungsbeteiligte jederzeit zugängliche Plattform ausgetauscht werden, findet eine neue Form der gegenseitigen Vernetzung und Abhängigkeit statt. Die erhöhte Transparenz erfordert gesteigerte Anforderungen an das kooperative Zusammenwirken aller Beteiligten.

Hierdurch entstehen Risiken und rechtliche Unklarheiten, die aber auch durch rechtliche Rahmenbedingungen über Pflichten- und Aufgabenzuweisungen vertraglich geregelt werden können. Neben der Definition von Vertragstypen ist es insbesondere wichtig, Regelungen über die Vergütung, die Haftung sowie etwaige Schnittstellen der Beteiligten zu schaffen. Darüber hinaus müssen einheitliche Standards für die Informationsbearbeitung am Modell und die Sicherung von Know-how festgelegt werden. Hieraus ergeben sich für öffentliche Auftraggeber auch vergaberechtliche Fragestellungen (etwa im Hinblick auf die produktneutrale Ausschreibung der von den Projektbeteiligten einzusetzenden Softwaretools oder die Berücksichtigung mittelständischer Interessen), die bei der Ausschreibung zu berücksichtigen sind. Schließlich muss der ordnungsgemäße Ablauf am Projekt überprüft und koordiniert werden. Die BIM-Planungsmethode ist nur dann praxistauglich und gegenüber dem bisherigen Verfahren vorteilhaft, wenn sämtliche Fragen bereits im Vorfeld entsprechend vertraglich geregelt wurden.

F. Schrammel und E. Wilhelm, *Rechtliche Aspekte im Building Information Modeling (BIM)*, essentials, DOI 10.1007/978-3-658-15706-7_2

2.2 Planervertrag (Architekten und sonstige Ingenieure)

Die Anwendung der BIM-Planungsmethode hat Auswirkungen auf die Planungsverträge.

Zum Einen kann der bisherige Leistungsumfang erweitert werden, wenn der jeweilige Planer zugleich mit der Aufgabe des BIM-Managers vertraut wird (zum BIM-Manager siehe Ziffer 2.3). In diesem Fall müssen die zusätzlichen Aufgaben des BIM-Managers in den Planungsvertrag integriert werden oder es ist ein vom Planungsvertrag selbstständiger BIM-Manager-Vertrag abzuschliessen. In der Praxis ist allerdings davon auszugehen, dass die Aufgabe des BIM-Managers nicht von den Planern selbst, sondern vielmehr durch einen externen Dritten aufseiten des Bauherrn wahrgenommen wird, sodass die Erweiterung des Planungsvertrages eher von theoretischer Natur sein dürfte.

Grundsätzlich müssen bei der Anwendung von BIM die rechtlichen Rahmenbedingungen für die Planer in Teilen neu geregelt werden und für alle Projektbeteiligten gleichermaßen gelten. Gemäß des BIM-Leitfadens für Deutschland sollten die rechtlichen Rahmenbedingungen die allgemeinen BIM-Ziele und Prioritäten, sämtliche BIM-Anwendungen während der Leistungsphasen, die Aufgabenfelder und Verantwortlichkeiten, Zusammenarbeitsstrategien, Regelungen über Datenübergabe und Software sowie Bestimmungen über das Qualitätsmanagement enthalten und definieren (Obermeyer et al. 2013, S. 47).

Wie die Umsetzung im Einzelfall erfolgen wird, ist bislang nicht abschließend geklärt. Zur Umsetzung einheitlicher Rahmenbedingungen haben sich verschiedene Vertragsmodelle entwickelt: Eines dieser Modelle sieht vor, dass sich die Planungsbeteiligten innerhalb eines gemeinschaftlichen Vertragswerkes (Mehrparteienvertrag) verpflichten (Liebich et al. 2011, S. 20 f.; Eschenbruch und Grüner 2014, S. 406; Eschenbruch 2016, S. 360). Der Vorteil von Mehrparteienverträgen besteht darin, dass innerhalb eines Vertrages für alle Planungsbeteiligten verbindliche Regelungen geschaffen werden. Zugleich können vertragliche Änderungen und Entscheidungen nur gemeinsam getroffen werden. Die Anwendung des Mehrparteienvertrags findet man im Ausland, z. B. Australien (alliance contract), als durchaus erfolgreiches Vertragsmodell in der Baupraxis (auch schon aus der Zeit vor BIM). Da die Anzahl der Vertragsparteien innerhalb des BIM-Projektablaufes in der Regel hoch sein wird, ist jedoch für die Praxis in Deutschland damit zu rechnen, dass es bei einer derartigen Koordinierung schon in der Vertragsanbahnungsphase zu Abstimmungsschwierigkeiten kommen wird.

Ein anderes Modell behält die bisherige Vertragspraxis in Form von Einzelverträgen bei (Eschenbruch 2016, S. 361; Liebich et al. 2011, S. 30). Die jeweiligen Einzelverträge zwischen dem Auftraggeber und dem Auftragnehmer werden mit ergänzenden Vertragsbedingungen (BIM-BVB) versehen. Diese bilden gemeinsame rechtliche und technische Rahmenbedingungen und Standards, die für alle Projektbeteiligten gleichermaßen verbindlich sind. Der Vorteil von Einzelverträgen besteht darin, dass es sich bereits um eine bekannte und gängige Vertragspraxis handelt. Die gegenseitige Abstimmung ist einfacher, da weniger Vertragsparteien beteiligt sind. Die Erstellung der ergänzenden Vertragsbestandteile ist hingegen umfassend und muss an das jeweilige Vorhaben angepasst werden. Im Ergebnis müssen auch hier alle Beteiligten einheitlich zustimmen, da das BIM-Planungsverfahren nur aufgrund einheitlicher Rahmenbedingungen umgesetzt werden kann. Insofern findet auch hier eine vorherige Abstimmung statt. Durch eine erfolgreiche Einbeziehung der ergänzenden Vertragsbestimmungen werden die Projektbeteiligten, wie bei den Mehrparteienvertragssystemen, innerhalb eines gemeinsamen Aufgaben- und Pflichtengeflechts gegenseitig berechtigt und verpflichtet.

Ein drittes Modell orientiert sich an dem in England entwickelten „Early BIM Partnering“ (Eschenbruch und Malkwitz 2014, S. 56). Danach wird ähnlich der in Deutschland bekannten Partnering-Verfahren in einem ersten Schritt von einem Stab auf Auftraggeberseite ein erstes Gebäudemodell entwickelt, welches anschließend von Bauunternehmen in einem Partnering-Vergabeverfahren geprüft und bewertet wird. Der Wettbewerbssieger entwickelt das Modell dann innerhalb eines Pauschalpreisrahmens weiter (z. B.: „garantierter Maximumpreis“).

Soweit neue Vertragsgestaltungen oder einheitliche Regelwerke in der Praxis nicht durchzusetzen sind, bleibt nur die individuelle Gestaltung des Vertrages und vor allem der Leistungsbeschreibung für jeden Beteiligten. Hierbei ist besonders darauf zu achten, dass keine Lücken, Widersprüche oder unnötige Doppelungen im System der Pflichten, Rechte und Verantwortlichkeiten der am BIM-Verfahren Beteiligten entstehen.

2.2.1 Vergütung

Für die Planer, d. h. die Architekten und Ingenieure, stellt sich die Frage, ob der ggf. erweiterte Aufwand durch das BIM-Verfahren kostenmäßig durch das zwingend geltende Vergütungsrecht der HOAI (Honorarordnung für Architekten und Ingenieure) gedeckt ist. Das insoweit zwingend einzuhaltende Preisrecht steht prinzipiell freien Honorarvereinbarungen entgegen. Solange das von der EU-Kommission gegen die Bundesrepublik Deutschland eingeleitete Vertragsverletzungsverfahren wegen der möglichen mittelbaren Verletzung der

Niederlassungsfreiheit EU-ansässiger Planer in Deutschland wegen der HOAI und des Verbotes freier Preisvereinbarungen, die es i. ü. in den anderen z. Zt. 27 Mitgliedsstaaten für Planer gibt (!), noch nicht abgeschlossen ist, muss die HOAI für die Honorierung der Planer im BIM-Verfahren zwingend beachtet werden (vgl. § 7 HOAI).

Dabei ist noch nicht abschließend geklärt, ob der Regelungsinhalt der HOAI dem BIM-Planungsverfahren grundsätzlich entgegensteht. Immerhin ist in der HOAI 2013 die BIM-Planungsmethode als Besondere Leistung vorgesehen und dort der Leistungsphase 2 zugeordnet (Anlage 10.1 zu §§ 34 Abs. 1, 35 Abs. 6 HOAI).

Die Unterschiede zwischen dem in der HOAI verankerten Vergütungsprinzip und dem BIM-Planungsverfahren zeigen sich insbesondere bei einem Vergleich der jeweiligen Zielrichtungen.

Die HOAI orientiert sich an einem sequenziellen Planungsmodell aufeinander aufbauender Leistungsphasen. Innerhalb der jeweiligen Leistungsphasen werden bestimmte Planungsleistungen beschrieben und dem Preisrecht der HOAI als Grundleistungen zugeordnet. Für die Grundleistungen gilt zwingendes Preisrecht der HOAI. Innerhalb der jeweiligen Leistungsphasen arbeiten die Projektbeteiligten zumeist isoliert voneinander auf Grundlage von Zeichnungen und unterschiedlicher Software, die am Ende der Planungsleistung dem Auftraggeber zur Verfügung gestellt werden. Eine Koordinierung und Gleichstellung der verschiedenen Fachplanungen soll grundsätzlich durch den Objektplaner erfolgen. In der Praxis gelingt dies mehr schlecht als recht und stellt eine häufige Ursache von Schlechtleistungen dar.

Im Gegensatz dazu trennt die BIM-Methode nicht zwischen den klassischen Planungsphasen der HOAI. Vielmehr steht der gesamte Planungsprozess und -fortschritt am Modell im Vordergrund. Das BIM-Planungsverfahren setzt eine integrale Denk- und Herangehensweise voraus. Es handelt sich also in Abkehr zur HOAI um eine phasenübergreifende Planungsmethode, in der zwischen den Projektbeteiligten bereits im Vorfeld und während der Planungsphase eine enge Zusammenarbeit und Koordination und Weiterentwicklung stattfindet. Manch schwierige planerische Aufgabe wird schon früh -wenn erforderlich- im Detail gelöst und zeichnerisch dargestellt, sodass sich Details aus der Ausführungsplanung durchaus bereits in der ansonsten im Entwurfsstadium befindlichen Planung wiederfinden können. Die jeweiligen Leistungen ergänzen sich gegenseitig und werden schließlich zu einem umfassenden zentralen Gebäudedatenmodell zusammengestellt. Aufgrund der koordinierten Zusammenarbeit der Projektbeteiligten kommt es zu einer zeitlichen Verschiebung der jeweiligen zu erbringenden Leistungen. Insbesondere kommt es dabei zu einer

Vorverlagerung von bestimmten Leistungen der Entwurfsphase in die Vorplanungsphase. Darüber hinaus kann es während einer späteren Phase durch softwarebedingte Automatismen zu einem Wegfall von in der HOAI vorgesehenen Planungsleistungen kommen. Insgesamt werden dadurch die starren Phasenregelungen der HOAI „aufgebrochen". Die jeweiligen Teilleistungen anderer Phasen lassen sich im Ergebnis nicht mehr praxisgeeignet bestimmen. Hinzu kommt, dass durch das BIM-Projektverfahren zusätzliche Leistungen von den Projektbeteiligten abverlangt werden, die sich entweder gar nicht im Leistungskatalog der HOAI finden oder allenfalls als sog. Besondere Leistung, obwohl diese aber beim BIM-Verfahren als eine Standard-, also eine Grundleistung (in der HOAI-Begrifflichkeit) anfallen. Als Beispiel sei die Arbeitsleistung an dem zentralen Gebäudedatenmodell mithilfe geeigneter BIM-Software zu nennen.

Diese Unterschiede müssen bei der Vergütung der jeweiligen Leistungen berücksichtigt werden.

In der novellierten Fassung der HOAI 2013 sollte den BIM-bedingten Besonderheiten dadurch Rechnung getragen werden, dass die BIM-Planungsmethode als Besondere Leistung der Leistungsphase 2 zugeordnet wird (Anlage 10.1 zu §§ 34 Abs. 1, 35 Abs. 6 HOAI). Hierdurch wird deutlich, dass auch der Verordnungsgeber erkannt hat, dass sich das BIM-Planungsverfahren von den bisherigen Regelungen der HOAI unterscheidet und daher eine Anpassung notwendig ist. Als Besondere Leistung ist das Honorar für die BIM-Planungsmethode gemäß § 3 Abs. 3 Satz 3 HOAI frei vereinbar. Dennoch stellt sich die Frage, ob die HOAI für das BIM-Planungsverfahren grundsätzlich kompatibel oder für das BIM-Planungsverfahren generell ungeeignet ist. Zu dieser Frage werden verschiedene Ansätze vorgebracht:

Nach einer Auffassung steht die HOAI dem BIM-Planungsverfahren nicht entgegen (Eschenbruch und Malkwitz 2014, S. 33). Hiernach werden Grundleistungen der HOAI auch innerhalb des BIM-Planungsverfahrens erbracht und nach dem bisherigen Preisrecht berechnet. Daneben soll der durch die BIM-Methode entstehende Mehraufwand als Besondere Leistung eingestuft und damit nicht dem Preisrecht der HOAI unterliegen, weil die Vergütung für Besondere Leistungen frei vereinbar ist.

Nach einer anderen Ansicht sollte ein gesonderter Gebührentatbestand für die BIM-Leistungen geschaffen werden (Liebich et al. 2011, S. 21). Mithilfe eines erweiterten Preisrechtes, welches sich an der Leistungsbeschreibung der BIM-Planungsmethode orientiert, könnten so die BIM-bedingten, besonderen Leistungsinhalte von den bisherigen Grundleistungen abgegrenzt werden.

Dagegen wird eingewendet, dass das Phasenmodell der HOAI mit der BIM-Methode nicht kompatibel ist (Kemper 2016, S. 426). Danach lässt sich die

BIM-Planungsmethode nicht in das zwingende Phasenmodell und damit Preisrecht der HOAI einordnen. Die HOAI selbst bezeichnet das BIM-Planungsverfahren als Besondere Leistung. Da in keiner anderen Leistungsphase das BIM-Verfahren als Grundleistung der HOAI eingestuft wird, müsste demnach davon ausgegangen werden, dass nicht nur die Leistungsphase 2, sondern die gesamte BIM-Planung, gleich ob inhaltlich als Grund- oder Besondere Leistung einzuordnen, vergütungsrechtlich als Besondere Leistung einzustufen wäre. Für die Grundleistungen würde dadurch das zwingende Preisrecht der HOAI unterlaufen.

Im Ergebnis bestehen derzeit erhebliche Unsicherheiten hinsichtlich der Anwendbarkeit der Vergütungsregelungen der HOAI für das BIM-Planungsverfahren. Daher empfiehlt es sich, dass hierfür spezielle Regelungen in der HOAI geschaffen werden, die die Koordination und die phasenübergreifende Tätigkeit entsprechend berücksichtigen.

Bis dahin müssen die den Vertrag und die Leistungsinhalte gestaltenden Juristen und Ingenieure diese Lücke schließen, und zwar durch sorgfältige Tätigkeitsbeschreibungen, die anhand der HOAI Begrifflichkeiten und Leistungskataloge in Grundleistungen und Besondere Leistungen trennen. Für Erstere gilt das Preisrecht der HOAI, für Letztere kann eine Vergütung frei vereinbart werden. Werden Teilleistungen späterer Leistungsphasen vorgezogen und in einer früheren Phase erbracht, ist dies ebenfalls im Detail terminlich und kostenmäßig im Vertrag zu erfassen. Das erfordert insgesamt eine genaue und umfassende interdisziplinäre Beschäftigung mit dem avisierten Planungs- und Abwicklungsprozess.

2.2.2 Haftung

Durch das vertraglich zugrunde gelegte gemeinsamen Aufgaben- und Pflichtengeflecht stellt sich die Frage, ob und gegebenenfalls wie sich die Anwendung des BIM-Planungsverfahrens auf die Haftung der Planungsbeteiligten auswirkt. Dabei ist zwischen der Haftung für eine fehlerbehaftete Planung durch die herkömmlich bekannten Ursachen (inhaltlich falsche oder unvollständige Planung) und durch BIM-bedingte neue Ursachen, etwa der Anwendung fehlerhafter Software oder der Verletzung von Pflichten im Abstimmungsprozess zu unterscheiden.

Nach der bisherigen Rechtspraxis erfolgt die Haftung der Planungsbeteiligten für Mängel innerhalb der werkvertraglichen Pflichten, wie sie sich aus dem Vertrag und vor allem aus der Leistungsbeschreibung ergeben. Im Ergebnis ändert sich an dem bisherigen Haftungsmodell auch bei Anwendung der BIM-Methode grundsätzlich nichts (Liebich et al. 2011, S. 43; Eschenbruch und Malkwitz 2014, S. 69). Jeder Planungsbeteiligte ist weiterhin für die ordnungsgemäße Erbringung seiner vertraglich zugewiesenen Leistung verantwortlich. Wird eine mangelhafte Planungsleistung erbracht, haftet der Auftragnehmer gegenüber seinem Vertragspartner. Allerdings ist anzunehmen, dass sich das Haftungsrisiko innerhalb des BIM-Planungsverfahrens insgesamt erhöht. Gründe dafür sind die zusätzlichen Aufgaben- und Pflichtenfelder, die durch die Erstellung eines zentralen Gebäudedatenmodells durch Nutzung der BIM-Technologie entstehen.

Zusätzliches Haftungspotenzial ist auch dann gegeben, wenn die Parteien nicht im Vorfeld eine bestimmte Beschaffenheit der zu erstellenden Planungsleistung festlegen. In diesem Fall greift der „funktionale Mangelbegriff" (Eschenbruch 2015, S. 27). Der Auftragnehmer haftet in diesem Fall für die Verwendungseignung. Da es derzeit mehrere BIM-Planungsmodelle (3D, 4D, 5D und 6D) gibt, die einen unterschiedlichen Umfang an zu erbringenden Leistungen beinhalten, kann es während der Planungsphase zu Konkretisierungen in Bezug auf die Ziel- und Zweckrichtung kommen. So könnte sich der Umfang von einem 4D-Modell in ein 5- oder 6D-Modell verdichten, wenn das Modell auch nach Errichtung des Werkes weiterverwendet werden soll. Dies ist mit erheblichem Mehraufwand für den Auftragnehmer verbunden und setzt darüber hinaus das notwendigen „Know-how" für die entsprechende Nutzung der Software voraus. Mangels vorheriger detaillierter Beschaffenheitsvereinbarung kann es daher zu Auseinandersetzungen um Vergütung und Haftung zwischen den Vertragsparteien kommen. Auch hier gilt der Grundsatz, dass je allgemeiner und damit weiter eine Zielvorgabe formuliert ist, desto größer im Zweifel die von der Vertragsvergütung umfasste Erfolgshaftung des Auftragnehmers ist. Detaillierte Beschaffenheitsvereinbarungen sollten daher zur Streitvermeidung im Vertrag und der Leistungsbeschreibung festgelegt werden.

Die BIM-Planungsmethode hat darüber hinaus Auswirkungen auf das vorrangige Nacherfüllungsrecht im Sinne der Mangelbeseitigung (Eschenbruch und Malkwitz 2014, S. 70). Nach bisheriger Rechtsprechung hat der Bauherr im Falle einer Schlechtleistung des Architekten nur dann einen Nacherfüllungsanspruch, wenn sich der Planungsfehler noch nicht im Bauwerk realisiert hat. Sobald sich der Planungsmangel nach Ausführung im Bauwerk verkörpert und damit körperlich verfestigt hat, ist nach der Rechtsprechung eine Nacherfüllung der Planung nicht mehr möglich (BGH, Urteil vom 29.09.1988 – VII ZR 182/87-). Kann demnach nicht mehr durch Nacherfüllung ein mangelfreier Zustand hergestellt werden, kommen nur die sekundären Mängelansprüche, wie Minderung, Rücktritt und Schadensersatz in Betracht. Mit dem neuen BIM-Planungsverfahren ändert sich die bisherige Sichtweise aber in bestimmten Fällen. Sofern das

Gebäudedatenmodell auch nach der Erstellung des Bauwerkes genutzt und bearbeitet werden soll (wie zum Beispiel im Facility Management), können gewisse Fehler und/oder Änderungen, auch Verdichtungen mit neuen Zielrichtungen auch während und nach der Bauphase durchgeführt werden. Das Modell ist dann nicht mehr, wie im bisherigen Planungsprozess, ausschließlich eine Vorleistung zur Realisierung des Bauwerkes, sondern dient darüber hinaus als Grundlage für eine weitere Nutzung während und nach Erstellung des Bauwerkes. Auch hier wird deutlich, dass durch den Einsatz der BIM-Planungsmethode neben dem „klassischen" Werkerfolg auch das Datenmodell als weiterer Werkerfolg geschuldet ist. Selbst wenn somit Planungsfehler im Bauwerk realisiert wurden, kann das Planungsmodell darüber hinaus um die bauliche Fehlerbeseitigung aktualisiert und angepasst werden. Daher muss dem Architekten zunächst in diesen Fällen die Möglichkeit der Nacherfüllung gegeben werden, bevor u. a. Schadenersatzansprüche geltend gemacht werden können. Allerdings ist dabei eine Abgrenzung zwischen den verschiedenen BIM-Planungsmodellen vorzunehmen. Nur wenn dem Gebäudedatenmodell über die Verwirklichung des Bauwerks hinaus eine gewisse Bedeutung zukommen soll, begründet sich das Interesse an einer Nacherfüllung der Planungsleistung. Da damit zu rechnen ist, dass das digitale Gebäudemodell zukünftig über die reine Bauerrichtungsphase hinaus auch für den Zeitraum der Bewirtschaftung der Immobilie bis hin zum Abriss oder Umbau verwandt werden wird, dürften diese Anforderungen als standardisierter Umfang dem BIM-Planungsverfahren zugrunde zu legen sein.

Für die Erstellung, Verarbeitung und Nutzung eines zentralen Gebäudedatenmodells nach BIM-Maßstäben muss eine bestimmte Planungssoftware eingesetzt werden. Ist die Planungssoftware, unabhängig von der Leistung des Projektplaners, fehlerhaft und werden hierdurch falsche oder unvollständige Planungsergebnisse in das Gebäudemodell eingespeist, muss geklärt werden, wer das Haftungsrisiko trägt. Da sich der Planer vertraglich zur Erstellung einer bestimmten Planungsleistung verpflichtet hat, wird er grundsätzlich auch das Haftungsrisiko für eine fehlerhafte BIM-Software übernehmen müssen, da im Falle einer fehlerhaften Software und darauf aufbauender Planungsfehler eine mangelhafte Planungsleistung vorliegt. Allerdings sollte hierbei unterschieden werden, ob es sich um eine vom Auftraggeber vorgeschriebene Software handelt, deren Benutzung somit für den Projektplaner bindend war oder ob keinerlei Vorgaben gemacht wurden und der Projektplaner selbst die fehlerhafte Software ausgesucht hat. Im ersten Fall hat der Planer keine andere Wahl, als die fehlerhafte Software zu benutzen. Daher wäre es unbillig, ihm das gesamte Haftungsrisiko in bestimmten Fällen zu übertragen. Daher trägt der Auftragnehmer zumindest dann nicht das alleinige Haftungsrisiko, wenn er die Fehlerhaftigkeit der Software erkennt und den Auftraggeber hierüber informiert oder er die Fehlerhaftigkeit der Software nicht erkennen konnte, ohne den Auftraggeber zu informieren (Eschenbruch 2015, S. 27). In diesem Fall muss der Auftraggeber das Haftungsrisiko mittragen, wenn er selbst die Anwendung der fehlerhaften Software verlangt hat. In jedem Fall ist zulasten des Planers zu berücksichtigen, dass ihm eine durch die Software verursachte technische Unrichtigkeit oder Unvollständigkeit seiner Planung nicht aufgefallen ist, wenn er dies bei zumutbarer Sorgfalt in Bezug auf die Eigenkontrolle hätte bemerken müssen.

Als Faustregel ist festzuhalten, dass der Planer auch bei Einsatz des BIM Verfahrens grundsätzlich für die technische und vertragsgerechte Richtigkeit seiner Planung haftet. Soweit nicht erkennbare Fehler aufgrund vorgegebener Details der Technologie oder des Verfahrens entstehen, ist unter Umständen eine Haftungserleichterung vorstellbar. Solche Ausnahmefälle sind derzeit nicht erkennbar. Es gilt auch hier, dass der Planer sich mit den neuen Programmen, Technologien und Abläufen vertraut zu machen hat und insofern für Fehler der Software etc. grundsätzlich haftet. Dies ist aber nichts, was den Planern nicht bekannt wäre. Auch bei der Umstellung von der Planung auf dem Reißbrett zur Planung mittels CAD-Softwareprodukten mussten sich die Planer bereits auf die neue Technologie einstellen und lernen, mit ihr umzugehen.

Weiter haftet der Planer auch für die ordnungsgemäße Erfüllung sonstiger neuer Pflichten, wie etwa hinsichtlich Abstimmung, Koordination und Kooperation, wie sie sich im Einzelnen aus einer sehr genauen und detaillierten Vertragsgestaltung und Leistungsbeschreibung ergeben sollten.

2.2.3 Urheberrecht

Urheberrechtliche Fragen gewinnen durch den Einsatz von BIM an Bedeutung, da nunmehr eine zentrale und allen Beteiligten zugängliche gemeinsame Datenplattform erstellt wird, innerhalb derer Daten über schöpferische Gestaltungsprozesse zusammengetragen und ausgetauscht werden, was eine genaue Zuordnung etwaig urheberrechtlich geschützten Schaffens zu einer Person erschwert.

Urheberrechtsfragen spielen daher eine zu beachtende und im Rahmen der Vertragsgestaltung zu regelnde Rolle. Auf der einen Seite bestehen Urheberrechte an der BIM-Software selbst, auf der anderen Seite – wie gehabt – an den Planungsleistungen der Projektbeteiligten und darüber hinaus auch an den Modelldaten. Zweifelsfrei stehen den Softwareentwicklern nach den bisher für in anderen Bereichen eingesetzte Software auch geltenden Maßstäben Urheberrechte an der Software zu. Auch den Projektplanern stehen weiterhin sämtliche Urheberrechte an den jeweils erbrachten Planungsleistungen zu, sofern diese eine bestimmte, den Urheberschutz auslösende Gestaltungshöhe erreichen. Darüber hinaus gibt es auch ein Urheberrecht am Datenmodell als solchem, wobei insoweit vor allem der Gesetzgeber aufgefordert ist, den wohl bisher unzureichenden Urheberrechtsschutz in Bezug auf Daten zu verbessern. Es ist somit mehr denn je erforderlich, dass entsprechende urheberrechtliche Nutzungsrechte vertraglich vereinbart werden. Während es im bisherigen Planungsverfahren ausreichte, die Nutzungsrechte einem kleinen Adressatenkreis zu übertragen (zum Beispiel dem Auftraggeber), ändert sich diese Verfahrenspraxis durch die Anwendung der BIM-Planungsmethode. Die Änderung liegt nunmehr darin, dass die Nutzungsrechte allen Projektbeteiligten im jeweils erforderlichen Rahmen zustehen müssen, da ein Gebäudedatenmodell nur durch gemeinsame Nutzung und Bearbeitung erstellt werden kann. Der Adressatenkreis der Nutzungsberechtigten erweitert sich somit, auch wenn es innerhalb der Nutzungsrechte Unterschiede im inhaltlichen und qualitativen Umfang gibt. So wird der BIM-Manager als Koordinator des Gebäudedatenmodells in der Regel weitergehende Nutzungsrechte benötigen, als ein Planungsbeteiligter, der innerhalb seines Fachmodells tätig wird.

Innerhalb des Planungsprozesses wird es vorkommen, dass bestimmte Planungsbeteiligte, die bereits Planungsleistungen erbracht haben, frühzeitig aus dem Projekt ausscheiden. In diesen Fällen müssen die Projektbeteiligten sicherstellen, dass die bisherigen Leistungen der ausgeschiedenen Beteiligten auch weiterhin verwendet werden können, ohne Urheberrechte zu verletzen.

Im Ergebnis müssen diese durch BIM verursachten Besonderheiten vertraglich und für alle Projektbeteiligten gleichermaßen geltend geregelt werden. Es bietet sich an, bereits bei Vertragsschluss ein dahin gehendes Regelungsgeflecht zu schaffen und die Nutzungsrechte im Vorfeld festzulegen. Hierdurch lassen sich mögliche Konfliktfelder frühzeitig vermeiden.

Ein besonderes Augenmerk sollte auch auf den Schutz vertraulicher Informationen gelegt werden. Insbesondere müssen Regelungen geschaffen werden, die das besondere Know-how der Planungsbeteiligten schützen, welche sich diese im Laufe der Arbeit mit BIM, insbesondere mit der neuen Software, angeeignet haben. Bisher wurden im Bauprozess „Hüllenmodelle“ eingesetzt, die den Schutz besonderen Know-hows gewährleisten sollten, indem einzelne Bauteile innerhalb des Planungsmodells unkenntlich gemacht werden. Innerhalb der BIM-Planungsmethode haben „Hüllenmodelle“ jedoch weitreichende Folgen. Das Gesamtgebäudedatenmodell kann nur dann ein eins-zu-eins-Abbild des später zu errichtenden Bauwerks sein, soweit alle notwendigen Details vorhanden sind. Durch die Unkenntlichmachung ist dies aber gerade nicht der Fall. Dadurch können sich Fehler einschleichen, die das Modell verändern. Hier bedarf es einer umfassenden Regelung, um einerseits den Einsatz von Hüllenmodellen zu verhindern und andererseits das besondere Know-how zu schützen.

Das Recht des Objekt- oder des Fassadenplaners gegen eine entstellende Weiternutzung seiner urheberrechtlich geschützten planerischen Schöpfung bleibt auf jeden Fall auch beim BIM-Einsatz gewahrt. Die Übertragung unter dieser Schwelle liegender Nutzungs- und Verwertungsmöglichkeiten wird sich dagegen bis an die Grenze des rechtlich Machbaren aufgrund des langlebigen Nutzungsinteresses am digitalen Gebäudemodell auch in der Nutzungsphase erhöhen.

2.2.4 Neue Versicherung aufgrund von BIM

Aufgrund der Transparenz im BIM-Verfahren und der erhöhten Abstimmung der Beteiligten untereinander sowie der erhofften erhöhten Kontrolle der eigenen und anderer Planungsleistungen bieten bestimmte Versicherer sog. Mehrkostenversicherungen für Bauherren und Investoren an. Diese decken im Wesentlichen das Risiko der nicht vollständigen Planung und daraus resultierender Mehrkosten während der Bauausführungsphase ab. Diese aus Investorensicht ärgerlichen Zusatzkosten, die nicht im Budget und in der Finanzierung enthalten sind, können unter dem Stichwort „Sowieso-Kosten" nicht im Wege des Schadensersatzes vom Planer verlangt werden. Denn hätte der Planer von Anfang an richtig, d. h. vollständig alle zur baulichen Umsetzung erforderlichen Leistungen erfasst, wären die damit verbundenen Kosten von Beginn an, also „sowieso", entstanden. Darüber hinaus erhält der Bauherr auch einen baulichen Mehrwert und erleidet daher keinen Vermögensverlust.

Unter bestimmten Voraussetzungen ist dennoch dieses Risiko jetzt versicherbar. Die Versicherungsbranche bietet ein neues Produkt an.

Voraussetzung für den Versicherer ist allerdings die Implementierung eines verschärften Audit- und Berichtswesens unter Einbeziehung eigener Fachleute für Planung und IT, damit aus Sicht des Versicherers das Risiko von vergessenen Leistungen minimiert wird. Weiterhin ist eine ordentliche Selbstbeteiligung des Versicherungsnehmers, des Bauherren, vorgesehen. Bestimmte Ursachen für nachträglich erforderlich werdende Zusatzleistungen sind als Versicherungsfall ausgeschlossen. Dazu gehört zum Beispiel die Änderung bauaufsichtsrechtlich relevanter technischer Normen zwischen Beginn und Ende der Baumaßnahme.

Eine Haftung des Versicherers für falsche Planung ist nicht gegeben. Hier bleibt dem Bauherrn der Regress beim Planer. Dieser ist dafür haftpflichtversichert.

2.2.5 Schnittstellen

Aufgrund der gemeinsamen Arbeit aller Planungsbeteiligten an einem digitalen Gebäudemodell kann es dazu kommen, dass die Grenzen und damit Verantwortlichkeiten der Leistungsbereiche der einzelnen Planer in bestimmten Situationen verschwimmen und die jeweiligen Beiträge nicht mehr isoliert voneinander betrachtet und zugeordnet werden können, weil sie beispielsweise zugleich in mehrere Aufgabenbereiche fallen. Gibt es keine klare Abgrenzung der Aufgaben und Pflichtenbereiche, obwohl dies vertragsrechtlich zu empfehlen und machbar ist, lässt sich in diesem Fall die Verantwortlichkeit nur schwer feststellen. Dies gilt vor allem in den Fällen, in denen mehrere Projektbeteiligte eine gemeinsame Leistung erstellen, oder in solchen Fällen, in denen die Leistung des einen erst durch die Leistung des anderen mangelhaft wird. Schließlich ist auch eine gesamtschuldnerische Haftung aller Planungsbeteiligten möglich, wenn fehlerhafte Beiträge nicht zugeordnet werden können und weiterverwendet werden. Entsteht am Ende ein fehlerhaftes Gesamtmodell, ohne dass sich ermitteln lässt, wer hierfür das Haftungsrisiko trägt, haften im Zweifel alle möglichen Verursacher als Gesamtschuldner. Die bisher von der Rechtsprechung für eine gesamtschuldnerische Haftung der Planungs- und Baubeteiligten entwickelten Grundsätze sind ohne weiteres auf den Planungsprozess mittels Einsatzes von BIM übertragbar sein.

Gleichwohl bleiben in derartigen Fallkonstellationen erhebliche Risiken in der Durchsetzung von Ansprüchen für die geschädigte Auftraggeberseite.

Soweit keiner der beteiligten Planer als Gesamtplaner fungiert, sollte zumindest einem der Beteiligten, in der Regel – wie bisher auch – dem Objektplaner, unmissverständlich und klar als eine Hauptleistungspflicht die inhaltliche Koordination und Gleichstellung der Planung der übrigen (Fach)Planer auferlegt werden.

Daneben sollte jedem Planer die Pflicht auferlegt werden, zu prüfen, ob seine Planung mit der Planung der anderen kollidiert bzw. eine Ergänzung der Planung der übrigen erfordert.

Die Abstimmungspflichten untereinander sind am besten umfassend und im Detail in jedem der Planerverträge zu regeln. Anders als bisher muss das Erfordernis einer verstärkten Zusammenarbeit vertraglich in einem strengen Pflichtenkanon erfasst werden. Das notwendig kooperative Zusammenwirken kann über Freiwilligkeit alleine nicht rechtssicher gewährleistet werden. Letztlich müssen die sich ergebenden inhaltlichen Schnittstellen bereits im Vorfeld der Planung definiert und voneinander abgegrenzt werden. Die Abgrenzung sollte idealerweise innerhalb einer detaillierten Leistungsbeschreibung erfolgen. Werden hier wesentliche Schnittstellen nicht berücksichtigt, kann das später zu haftungsrechtlichen Auseinandersetzungen und Unsicherheiten mit dem Vertragspartner führen. Daher muss früh feststehen, welche Leistungen von wem zu welchem Zeitpunkt erbracht werden müssen und wer für etwaige Planungsfehler die Verantwortung trägt.

Wurden die jeweiligen Aufgabenbereiche entsprechend zugewiesen, lassen sich mithilfe der BIM-Planungsmethode in Zukunft die jeweils erbrachten Leistungen einfacher kontrollieren und Planungs- und Ausführungsfehler schneller feststellen. Aufgrund der allgemein zugänglichen Datenplattform kann anschließend schnell festgestellt werden, aus welchem Aufgabenbereich der Fehler herrührt. Der Urheber eines Planungsfehlers lässt sich somit direkt und unkompliziert ermitteln.

Neben den vorbeschriebenen inhaltlichen Schnittstellen müssen im BIM-Verfahren die organisatorischen, verfahrensbedingten Schnittstellen zwischen den Planern untereinander, als auch zwischen Planern und BIM-Managern im Vorfeld der Vertragsgestaltung und Abfassung der einzelnen Leistungsbeschreibungen geklärt, definiert und geregelt werden. Hierin liegt das eigentlich Neue der BIM-Methode für die juristische Arbeit. Am Planungsprozess sind jetzt nicht nur Architekten und Ingenieure, sondern auch fachfremde IT-Experten beteiligt. Diese verstehen etwas von Hard- und Software und von den damit zusammenhängenden Abläufen und Erfordernissen in der zum Teil neuen Art und Weise der Erbringung von Planungsleistungen. Soweit der BIM-Manager aber kein Bauingenieur oder Architekt ist, versteht er inhaltlich von der Planung nichts.

Deshalb muss bei inhaltlichen Fehlern der Planung in Zukunft immer mit geklärt werden, ob dieser Fehler auch ohne Anwendung der BIM-Methode hätte entstehen können oder (!) ob dieser Fehler gerade wegen der Anwendung der BIM-Methode entstehen konnte bzw. von der neuen Methode zumindest mitverursacht wurde.

Hier entsteht eine rechtlich schwer fassbare Grauzone in der Haftung: Gerade weil der BIM-Manager in der Regel keine inhaltliche Verantwortung für die Planung trägt, muss, sofern er haften soll, ein inhaltlicher Fehler der Planung zumindest mit durch Fehler des Systems, für das der BIM-Manager die Verantwortung trägt, oder durch Verletzung von Abstimmungs- oder Koordinierungspflichten, die der BIM-Manager auch hat, entstanden sein.

Da sich die Abstimmungspflichten innerhalb des Planungsprozesses von rein formalen, etwa terminlichen, zu rein inhaltlichen in der Zuordnung einer Kausalitätsverknüpfung für einen Fehler zum Teil überlagern dürften, wäre es aus Auftraggebersicht ratsam, im Zweifel alle Beteiligten, also auch den BIM-Manager, für einen Fehler in der Planung haften zu lassen, wobei Letzterer mangels Sachkunde nicht nacherfüllen kann und daher direkt auf Schadensersatz haften würde.

Das bedingt eine Reihe von weiteren rechtlichen Folgeproblemen etwa der Gesamtschuld, des Ausgleiches im Innenverhältnis etc.

Daher wäre es begrüßenswert, auch in der Gestaltung der durch BIM bedingten (neuen) Abläufe in der Zusammenarbeit eine Schnittstellenabgrenzung zwischen den Planern und den IT-Managern zu versuchen. Freilich wird es Bereiche geben, etwa in der terminlichen Kontrolle der Abläufe oder in der Kontrolle von Fehlermeldungen im System, etwa bei räumlichen Kollisionen, in denen beide Berufsgruppen gemeinsam Verantwortung tragen und insofern bei Verletzung derartiger Pflichten und der Entstehung von Planungsfehlern daraus auch als Gesamtschuldner haften.

2.2.6 BIM und die RBBau

Die Richtlinien für die Durchführung von Bauaufgaben des Bundes (RBBau) stellen Verwaltungsvorschriften der Bundesbauverwaltung für die Durchführung der in ihren Zuständigkeitsbereich fallenden Bauvorhaben dar. Ausgehend von haushaltsrechtlichen Vorgaben (vgl. § 24 Abs. 1 S. 1 BHO) regelt die RBBau die bei der Planung und Durchführung von Bauvorhaben zu beachtenden Anforderungen.

§ 24 Abs. 1 S. 1 BHO sieht dabei vor, dass Ausgaben für Baumaßnahmen erst veranschlagt werden dürfen, wenn Pläne, Kostenermittlungen und Erläuterungen vorliegen, aus denen die Art der Ausführung, die Kosten der Baumaßnahme, des Grunderwerbs und der Einrichtung sowie die vorgesehene Finanzierung und ein Zeitplan ersichtlich sind. Die Bundeshaushaltsordnung setzt also eine zeitliche Reihenfolge und Trennung von Planungs- und Ausführungsleistungen und damit deren inhaltliche Trennbarkeit voraus (Eschenbruch et al. 2014, S. 46).

Gem. Ziff. 1.4 des Abschnitts E (Teil 1) der RBBau ist demgemäß bei baulichen Maßnahmen mit Kosten über EUR 2,0 Mio. ohne Baunebenkosten der KG 710 bis 740 (vgl. dort Ziff. 1.1) in einem ersten Schritt eine Bedarfsplanung durchzuführen. Im Falle einer Entscheidung zugunsten einer Eigenbaulösung ist auf dieser Grundlage die Entscheidungsunterlage-Bau (ES-Bau, vgl. dort Ziff. 1.5) zu erstellen. Auf dieser Grundlage ist gem. Ziff. 3 die Entwurfsunterlage-Bau (EW-Bau) zu erstellen, welche die Entwurfsplanung beinhaltet, in welche die Ergebnisse der Vor-, Genehmigungs- und Teile der Ausführungsplanung einfließen (dort Ziff. 3.2; vgl. auch Abschnitt F Ziff. 2.4).

Dem gegenüber ist die Ausführung von Baumaßnahmen in Abschnitt G (Teil 1) der RBBau geregelt. Voraussetzung für eine Vergabe der hierzu notwendigen Bauleistungen ist gem. Ziff. 1.2, dass alle Pläne und Berechnungen vorliegen.

Diese Grundsystematik der RBBau, nämlich die Erstellung der ES-Bau sowie deren baufachliche und haushaltsmäßige Genehmigung vor Beginn der Erstellung der EW-Bau ist mit dem Einsatz von BIM in Einklang zu bringen. Vor diesem Hintergrund sind Anforderungen an das Gebäudemodell zu definieren, die zur Erstellung einer Entscheidungsunterlage-Bau (ES-Bau) notwendig sind. Dies gilt auch für die Aufstellung der EW-Bau (Eschenbruch et al. 2014, S. 48).

Der öffentliche Auftraggeber hat daher einen Leistungskatalog zu bestimmen, in welchem Umfang das BIM-Modell vor Erstellung der EW-Bau entwickelt werden soll. Festzuhalten ist jedoch, dass die Anwendung der BIM-Methode geeignet ist, die in der RBBau vorgesehene Trennung von Planung und Ausführung zu erreichen (Eschenbruch et al. 2014, S. 48).

Grundsätzlich ist daher festzuhalten, dass die RBBau der Einführung der BIM-Methode auch bei öffentlichen Bauvorhaben nicht entgegensteht. Die RBBau sollte allerdings insoweit modifiziert werden:

- Definition der im Planungsprozess an der Schnittstelle zwischen ES-Bau und EW-Bau zu erbringenden Planungsleistungen und -ergebnisse
- Die in Teil 3 der RBBau enthaltenen Vertragsmuster sind zu überarbeiten und ggf. um eine BIM-Richtlinie zum Umgang mit BIM zu erweitern. Zu beachten ist allerdings, dass insoweit keine grundlegende systematische Überarbeitung erforderlich ist, sondern lediglich Anpassungen zu erfolgen haben (Eschenbruch et al. 2014, S. 111).

2.3 BIM-Manager

2.3.1 Berufsbild und Abgrenzung des Leistungsbildes zum BIM-Koordinator

Wie zuvor dargestellt, setzt die BIM-Planungsmethode ein gemeinsames Zusammenwirken innerhalb eines zentralen Gebäudedatenmodells voraus. Hierdurch entstehen nicht nur bei den Projektbeteiligten zusätzliche Aufgaben. Vielmehr muss das Zusammenwirken der Beteiligten, terminlich und generell im Ablauf, für einen reibungslosen Prozess organisiert, kontrolliert, koordiniert und im weiteren Verlauf beaufsichtigt werden. Für diese Gesamtkoordination soll in Zukunft der sog. BIM-Manager verantwortlich sein (Obermeyer et al. 2013, S. 31, 95). Meist handelt es sich hierbei ausbildungsmäßig um IT-Fachleute. Ein Studium der Architektur oder eines Bauingenieurs ist zwar begrüßenswert, aber nicht erforderlich. Die Arbeit des BIM-Managers beginnt bereits mit der Projektvorbereitung, noch vor der Planungsphase. Hier werden in enger Zusammenarbeit mit dem Bauherrn, die allgemeinen Standards, die BIM-Strategie, die organisatorischen Strukturen, Verantwortlichkeiten sowie die BIM-Ziele innerhalb eines umfassenden BIM-Projektabwicklungsplans erstellt. Dieser Projektabwicklungsplan wird im Verhältnis zwischen dem Auftraggeber und den Projektbeteiligten innerhalb der Einzelverträge Vertragsbestandteil und ist somit für alle Projektbeteiligten während des gesamten Projektes verbindlich. Somit werden „Besondere Vertragsbedingungen" für den Einsatz von BIM Vertragsbestandteil in allen Vertragsbeziehungen. Die anschließende Aufsicht des BIM-Managers über die Projektbeteiligten dient der Einhaltung dieser verbindlichen Vorgaben und sichert die Realisierung des Projektes innerhalb des zeitlichen und finanziellen Rahmens. Daneben sorgt der BIM-Manager dafür, dass das Urheberrecht nicht verletzt wird und innerhalb der zustehenden Nutzungsrechte verantwortungsbewusst mit den Daten umgegangen wird. Insgesamt spielt der BIM-Manager somit eine übergeordnete Rolle innerhalb des BIM-Projektverfahrens.

Neben dem BIM-Manager gibt es den BIM-Koordinator (Obermeyer et al. 2013, S. 32, 95). Dieser bearbeitet und koordiniert das Modell innerhalb seines Gewerks und sorgt dafür, dass alle vorgeschriebenen BIM-Standards eingehalten werden. Erst nachdem der BIM-Koordinator eine umfassende Qualitätskontrolle durchgeführt hat, werden die Unterlagen an den BIM-Manager übergeben, der sodann die Erstellung des Gesamtgebäudedatenmodells koordiniert. Seine Leistungspflichten sind als Grundleistungen in der HOAI angelegt. Überall dort, wo als Grundleistung das Koordinieren und Integrieren der einzelnen Planungsergebnisse vorgesehen ist, ist dies eine Leistung des BIM-Koordinators (vgl. Anlage 10 zu § 34 HOAI Lph 2 lit. e). Der BIM-Koordinator hat daher eher als der BIM-Manager in der Praxis einen beruflichen Hintergrund als Ingenieur.

Die Aufgaben des BIM-Managers und des BIM-Koordinators können auch in einer Person gebündelt werden. Eine Trennung ist nicht zwingend erforderlich.

Zumindest für den Planungsprozess besteht eine gewisse Wahrscheinlichkeit, dass das Berufsbild des bisherigen Projektsteuerers ausläuft und vom BIM-Manager bzw. -Koordinator ersetzt wird. Oder es ist denkbar, dass zukünftig beide Tätigkeiten in einem Berufsbild zusammengefasst werden. Beide stehen für die Überwachung von Abläufen innerhalb des Herstellungsprozesses einer Immobilie. Mehr als der herkömmliche Projektsteuerer ist der BIM-Manager für die Bestimmung und Festlegung der Struktur der einzelnen Abläufe unter Einsatz der IT-Möglichkeiten verantwortlich.

Ähnliches, wenn auch abgeschwächt, gilt für die bauliche Umsetzung. Hier wird es zwar in nächster Zeit bei größeren Projekten ohne den herkömmlichen Projektsteuerer nicht gehen, gleichwohl werden Ablaufstrukturen,

Kommunikationspflichten etc. auch in dieser Phase zunehmend vom BIM-Verfahren und damit vom BIM-Manager inhaltlich determiniert werden.

So wie der Berufszweig der Projektsteuerer seinerzeit in bis dato von Architekten im Rahmen der Bauüberwachung besetzte Domainen vordrang, könnte es jetzt den Projektsteuerern selbst mit den IT-Managern ergehen.

Für die kreativ und „freigeistig“ schaffenden Architekten bedeutet die Einbeziehung in automatisierte Standards und Abläufe durch das BIM-Verfahren nicht nur Erleichterung durch den Erhalt neuer Tools für die visuelle Umsetzung und Darstellung der Ideen, sondern auch den Zwang, sich hinsichtlich der technischen und kostenmäßigen Umsetzbarkeit der Planungsideen in einen transparenten und kritischen Austausch zu begeben.

Soweit die bauliche Ausführung durch einen Generalunternehmer oder Generalübernehmer erfolgt, ist jetzt schon erkennbar, dass dieser durch eigenes Personal die von ihm zu tätigende Planung, meist die Ausführungsplanung, im BIM-Verfahren zu leisten imstande sein wird. Soweit der Auftraggeber die Entwurfs- und Genehmigungsplanung durch von ihm beauftragte Planer auf Grundlage der Planungsmethode BIM erstellen lässt, ist darauf zu achten, dass die jeweiligen BIM-Verfahren von der IT-Technologie her kompatibel sind, sodass es nicht zu Schnittstellen und/oder Anwendungsproblemen der verschiedenen Software bzw. IT-Technologie kommt.

Auf jeden Fall nimmt der Generalübernehmer im BIM-basierten Planungs- oder Ausführungsprozess nicht automatisch die Stellung eines Sachwalters des Bauherrn ein. Sind im Vertrag nicht entsprechende Beraterpflichten vereinbart, vertritt der Generalübernehmer primär seine eigenen Interessen, die nicht immer deckungsgleich mit denen des Bauherrn oder Investors sein dürften. Was bleibt, sind dann nur die auch bislang bestehenden Hinweispflichten, etwa wegen technischer Bedenken.

In der Regel beginnt die Arbeit für den Generalübernehmer überdies erst nach Abschluss der Entwurfs- und Genehmigungs-Planungsphasen. Er hat damit keinen Einfluss mehr auf den Planungsinhalt, sondern nur auf die Detaillierung in der Regel feststehender inhaltlicher Vorgaben im Rahmen der Ausführungsplanung und übernimmt die das Projekt inhaltlich nicht mehr gestaltende Koordination und Aufsicht während der Ausführungsphase. Einigkeit besteht auf jeden Fall darin, dass die Aufgabe des BIM-Managers auch von anderen Projektbeteiligten wahrgenommen werden kann (Eschenbruch et al. 2014, S. 83; Liebich et al. 2011, S. 26; Eschenbruch und Elixmann 2015, S. 747).

Ob das durch den Objektplaner, Generalplaner, Projektsteuerer oder in Teilen durch die Bauunternehmen erfolgt, oder ob sich ein eigenständiger neuer

Berufszweig innerhalb der Wertschöpfungskette Immobilie oder Bau etablieren wird, bleibt abzuwarten.

Von der rechtlichen Einordnung her ist der BIM-Manager wie auch der BIM-Koordinator eher auf der Seite des Auftraggebers bzw. des Investors anzusiedeln.

2.3.2 Vertragstyp und Inhalt

Soweit einer der Projektbeteiligten ein BIM-Verfahren übernimmt und verantwortet, ist der damit erweiterte Pflichtenkatalog in dem jeweiligen Vertag (z. B. Planer-, Projekt-, oder Bauvertrag) aufzunehmen. Das gilt insbesondere für die jeweils zugrunde liegende Leistungsbeschreibung. Hinsichtlich der Vergütung für diesen zusätzlichen Aufwand bei einem dem Preisrecht der HOAI unterliegenden Planervertrag wird auf die obigen Ausführungen verwiesen.

Soweit ein eigenständiger Vertrag mit einem BIM-Manager zu schließen ist, müssen die Leistungsinhalte, die Rolle und die Befugnisse des BIM-Managers genau geregelt werden. Diese Notwendigkeit ergibt sich aus dem Bedürfnis, Doppelbeauftragungen zu vermeiden und klare Schnittstellen zu Leistungsinhalten und Verantwortungen anderer Projektbeteiligter zu erhalten.

Die Aufgaben des BIM-Managers sollten innerhalb einer umfassenden Leistungsbeschreibung definiert werden (Fischer und Jungedeitering 2015, S. 14; Dittmar 2015, S. 105). Die Darstellung eines möglichen Leistungsbildes wurde als Praxisbeispiel bereits erstellt (Eschenbruch und Elixmann 2015, S. 749). Es empfiehlt sich, bestimmte Leistungsziele zu definieren, vertraglich vorzugeben und zu vereinbaren. Schließlich soll durch die Implementierung des BIM-Verfahrens der Herstellungsprozess verbessert oder befördert werden. Dies im Einzelnen herauszuarbeiten, ist Aufgabe der Beteiligten und der Juristen.

Ist das erfolgt, kann auch eine werkvertragliche Erfolgshaftung des BIM-Managers hergeleitet und begründet werden. Eine Beschränkung auf eine reine Dienstleistung ohne erfolgshaftendes Moment ist für einen Investor wenig reizvoll und interessant.

Es wird daher überwiegend vertreten, dass der Vertragstyp für die Tätigkeit eines BIM-Managers einem Werkvertrag entsprechen sollte (Eschenbruch 2016, S. 369). Im Ergebnis wird sich der BIM-Manager dazu verpflichten, dass am Ende ein geeignetes Gebäudedatenmodell entsteht, mithilfe dessen die bauliche Umsetzung oder das Facility Management tatsächlich erfolgen kann.

Hinsichtlich der Abgrenzungen zur Haftung der anderen Projektbeteiligten wird auf die Ausführungen zur gesamtschuldnerischen Haftung verwiesen.

In der Praxis wird zu klären sein, inwiefern eine Haftung des mitunter fachfremden BIM-Managers für inhaltliche Fehler in Betracht kommt oder ob er nur für das Funktionieren seiner IT-Strukturen und Abläufe haften soll und kann. Freilich bleibt eine Grauzone, in der auch durch Verletzung dieser Verantwortlichkeiten inhaltliche Fehler in der Planung oder Bauausführung entstehen können.

Daneben lässt sich schon jetzt relativ deutlich eine Haftung des BIM-Managers für Folgeschäden begründen, etwa dadurch dass seine Software ungenügend funktioniert und es deshalb zu Verzögerungen und damit zu Schäden kommt. Allein diese Notwendigkeit spricht dafür, den BIM-Managervertrag als Werkvertrag zu gestalten.

Die „Musik" beim eigenständigen BIM-Vertrag spielt in der inhaltlichen Ausgestaltung der Schnittstellen zu den anderen Projektbeteiligten. Das gilt im Übrigen nicht nur im Hinblick auf Verantwortlichkeiten, sondern in besonderem Maße auch in Bezug auf die Einräumung von Befugnissen. In Bezug auf die Organisation des Zuganges und die Benutzung des digitalen Datenmodells dürfte dies auf der Hand liegen. Problematischer werden jedoch schon die Organisation und das Management der terminlichen und inhaltlichen Abfolge des Zusammenwirkens der Beteiligten. Das ist an und für sich die klassische Aufgabe eines Projektsteuerers. Nur versteht dieser mitunter nicht die Feinheiten und Besonderheiten des Arbeitens an einem letztlich gemeinsamen digitalen Gebäudemodell mit den damit einhergehenden erweiterten oder inhaltlich anderen oder neuen Abstimmungs- und Koordinierungspflichten. Diese kann nur der BIM-Manager festlegen und vorgeben. Damit greift er auch in die allgemeine Gestaltung, Steuerung und Kontrolle der Abläufe ein. Eine saubere Trennung zwischen ausschließlich BIM-spezifischen Abläufen und Abstimmungen und den allgemeinen, auch ohne BIM-Einsatz bestehenden Ablaufstrukturen wird nicht gelingen, weil diese sich inhaltlich zum Teil überlappen.

Daher spricht auf lange Sicht einiges dafür, dass die Funktionen des BIM-Managers, insbesondere im Bereich der BIM-Koordination in die bereits bestehenden Berufsbilder aufgehen werden. Damit würde das eigenständige Berufsbild des BIM-Managers nach einer gewissen Anfangszeit bis zur allgemeinen Einführung dieses neuen Prozesses wieder verschwinden.

2.3.3 Vergütung

Wie dargestellt, obliegt dem BIM-Manager eine übergeordnete Vorplanung, Organisation, Koordinierung sowie die Aufsicht über das Gebäudedatenmodell über die gesamte Dauer des Projektes. Somit ist er an allen Leistungsphasen beteiligt (Projektvorbereitung, Planungsphase, Ausführungsvorbereitung, Ausführungsphase, Projektabschluss).

Gleichwohl gehört der BIM-Manager nicht zu den dem Anwendungsbereich der HOAI unterliegenden Berufsgruppen. Seine Tätigkeit ist auch nicht die eines Planers.

Soweit also nicht ein Planer die Funktion eines BIM-Managers neben seinen Planungsaufgaben übernimmt (sodass sich die Frage der Anwendbarkeit der HOAI stellt, dazu oben unter Ziffer 2.2.1), kann mit dem BIM-Manager eine Vergütung rechtswirksam frei vereinbart werden, etwa als Pauschale oder nach Zeitaufwand.

Zahlungsziele sollten entsprechend Projektfortschritt und in Abhängigkeit der Erreichung bestimmter schon im Vertrag festgelegter Teilerfolge vereinbart werden. Insoweit bieten sich die LOD's als Teilerfolge an (dazu oben unter Ziffer 1.2).

Zu regeln ist weiter, wer etwaige Lizenzgebühren für die Nutzung eines fremden Programmes trägt.

Ferner, soweit der BIM-Manager über eigene Software verfügt, die ggf. urheberrechtlich geschützt ist oder jederzeit geschützt werden kann, ist zu regeln, dass die Nutzungsbefugnis mit oder zusätzlich zum Honorar abgegolten wird.

2.3.4 Haftung

Zunächst haftet der eigenständig tätige BIM-Manager grundsätzlich für diejenigen Fehler, die innerhalb seines übernommenen Verantwortungsbereiches liegen. Dazu gehören insbesondere Fehler in der Überwachung und Koordinierung bei der Erstellung des zentralen Gebäudedatenmodells.

Soweit solche Fehler als Folge weitere, und zwar inhaltliche Fehler in der Planung oder Ausführung verursachen, stellt sich die Frage nach einer gesamtschuldnerischen Mithaftung des BIM-Managers neben den anderen verantwortlichen Projektbeteiligten. Zur Vermeidung von Wiederholungen wird auf obige Ausführungen unter 2.2.2 verwiesen.

Die gleiche Thematik, nämlich der Mithaftung mit anderen Projektbeteiligten, stellt sich bei der Verletzung von Koordinations- oder Überwachungspflichten hinsichtlich der Abläufe des Zusammenwirkens der Beteiligten, die inhaltlich in den Wirkungsgrad eines allgemeinen Projektsteuerers oder des koordinierenden Objektplaners oder Generalübernehmers hineingehen können. Auch hier wird zur Vermeidung von Wiederholungen auf die Ausführungen unter 2.2.2 verwiesen.

Insgesamt ist die Haftung in den Schnittstellenbereichen noch nicht abschließend geklärt. Rechtsprechung gibt es hierzu noch nicht. Es spricht allerdings viel für eine gesamtschuldnerische Haftung. Juristisch sind hierfür ausschlaggebend Kausalitätsbetrachtungen, d. h. eine Klärung und Bewertung der Handlungsbeiträge eines jeden einzelnen als alleinige oder überlagernde Ursache für einen eingetretenen Schaden.

2.3.5 Schnittstellen

Wie bereits dargestellt, kann es innerhalb des BIM-Planungsverfahrens zu Überschneidungen der Aufgabenbereiche zwischen den verschiedenen Planungs- und sonstigen Projektbeteiligten kommen. Auch im Bereich des BIM-Managers liegen solche Schnittstellen mit den Projektbeteiligten vor. In diesem Fall lässt sich nur schwer ermitteln, wer im Falle einer Schlechtleistung die Verantwortung trägt und somit das Haftungsrisiko übernimmt.

Um die sich ergebenden Schnittstellen klar voneinander abzugrenzen und fest definierte Verantwortungsbereiche zu schaffen, muss bereits vor Beginn der Planungsphase eine klare Aufgabenzuweisung erfolgen, wobei darauf zu achten ist, dass diese Aufgabenbereiche, soweit möglich, klar voneinander abgegrenzt werden. Da auf die Leistungsbilder der HOAI nicht mehr abgestellt werden kann, weil diese die Besonderheiten der BIM-Planungsmethode nicht erfasst, muss die Leistungsbeschreibung aufgrund eigener und individueller Projektspezifika ermittelt werden.

Besonderes Augenmerk ist dabei auf die Schnittstellen zwischen den Objektplanern und denen des BIM-Managers zu richten. Hier muss eine detaillierte Abgrenzung der Aufgabenbereiche erfolgen. Nach richtiger Auffassung sollte der bisherige Aufgabenbereich des Objektplaners nicht verändert werden (Eschenbruch und Elixmann 2014, S. 747). Danach hätte der Planer weiterhin das Planungsergebnis innerhalb seines zugewiesenen Aufgabenbereiches zu verantworten. Dagegen obliegt es dem BIM-Manager, dass die von ihm festgelegte Planungsstrategie ordnungsgemäß umgesetzt und beaufsichtigt wird und dadurch BIM-taugliche Ergebnisse entstehen. Zu den dennoch in der Praxis verbleibenden Abgrenzungsschwierigkeiten, insbesondere in der Haftung, wird auf die vorhergehenden Ausführungen unter Ziffer 2.2.2 verwiesen. Hier ist derzeit noch einiges im Fluss und muss für die Zukunft durch die Praxis der Vertragsgestaltung als auch schlussendlich durch die gerichtliche Spruchpraxis abgewartet werden.

2.4 Vergaberechtliche Implikationen des Einsatzes von BIM

Beim Einsatz von BIM bei Bauvorhaben öffentlicher Auftraggeber sind im Rahmen der notwendigen Ausschreibungen schließlich auch vergaberechtliche Vorschriften zu beachten. Schon in diesem frühen Stadium, nämlich bei der Vorbereitung und der Durchführung der vergaberechtlich vorgeschriebenen Ausschreibungsverfahren, können sich BIM-spezifische Fragestellungen ergeben. Die vergaberechtskonforme Lösung der sich stellenden Fragen hängt jedoch stark von der ganz konkreten vertraglichen Ausgestaltung des Einsatzes vom BIM im Einzelfall ab und kann nicht allgemeingültig beschrieben werden. Nachfolgend können daher nur einige Problemkreise kurz exemplarisch angerissen werden, um bei den Beteiligten eine vergaberechtliche Sensibilisierung zu erreichen.

2.4.1 Losweise Vergabe und Mittelstandsschutz

In § 97 Abs. 3 GWB heißt es:

> Mittelständische Interessen sind bei der Vergabe öffentlicher Aufträge vornehmlich zu berücksichtigen. Leistungen sind in der Menge aufgeteilt (Teillose) und getrennt nach Art oder Fachgebiet (Fachlose) zu vergeben. Mehrere Teil- oder Fachlose dürfen zusammen vergeben werden, wenn wirtschaftliche oder technische Gründe dies erfordern.

Daraus folgt, dass die benötigten Leistungen grundsätzlich losweise zu vergeben sind. Nur ausnahmsweise (sofern technische oder wirtschaftliche Gründe dies erfordern) darf eine Gesamtvergabe an einen Auftraggeber erfolgen. Dabei wird das Merkmal des „Erforderns" aber tendenziell streng ausgelegt. Nicht jedweder technische oder wirtschaftliche Vorteil, der mit einer Gesamtvergabe verbunden ist, macht diese Gesamtvergabe auch erforderlich. Andernfalls würden das Gebot der losweisen Vergabe und der damit beabsichtigte Mittelstandsschutz letztlich leer laufen, weil sich für jede Gesamtvergabe (schon aufgrund geringerer Schnittstellen) fast immer „irgendwelche" wirtschaftlichen oder technischen Vorteile anführen lassen. Die technischen oder wirtschaftlichen Gründe, die für eine Gesamtvergabe sprechen, müssen also über die „allgemeinen Vorteile", die mit jeder Gesamtvergabe zusammenhängen, hinausgehen. Für die Implementierung von BIM im Planungsprozess lässt sich also festhalten, dass eine Reduzierung der BIM-Schnittstellen (siehe oben Ziffer 2.2.5) der Planungsbeteiligten durch die

Vergabe an einen Generalunternehmer vergaberechtlich grundsätzlich unzulässig ist, jedenfalls aber im Hinblick auf die damit verbundenen technischen und wirtschaftlichen Vorteile besonders und dezidiert begründet und an den von der Rechtsprechung aufgestellten Maßstäben gemessen werden muss.

Im Übrigen wird unter Verweis auf § 97 Abs. 3 Satz 1 GWB, wonach mittelständische Interessen bei der Vergabe öffentlicher Aufträge vornehmlich zu berücksichtigen sind, auch die generelle vergaberechtliche Zulässigkeit der Anwendung von BIM bei der Ausführung von öffentlichen Aufträgen infrage gestellt. So wird argumentiert, dass gerade kleinere Büros die hohen technischen Anforderungen im Hinblick auf die IT-Ausstattung sowie die Anforderungen an qualifiziertes Personal, die aus der Anwendung von BIM resultieren, möglicherweise nicht „stemmen" könnten und somit im Wettbewerb gegenüber großen Planungsbüros benachteiligt werden würden (siehe Eschenbruch et al. 2014, S. 38). Dadurch würde die Marktstruktur sich aufgrund von BIM im Bereich von Planungsleistungen zugunsten größerer Büros verschieben. Ungeachtet der Frage, ob derartige Veränderungen der Marktstrukturen überhaupt wirklich eintreten werden, weil BIM gerade für kleinere Büros auch eine Chance darstellen kann, sich durch Spezialisierung am Markt gegenüber großen Büros Vorteile zu verschaffen, ist der These auch aus rechtlicher Sicht nicht zu folgen. Das Vergaberecht ist nicht innovationsfeindlich. Die Rechtsprechung gesteht dem Auftraggeber bei der Bestimmung des Beschaffungsgegenstandes einen weiten Beurteilungs- und Einschätzungsspielraum zu. Auf den Punkt gebracht gilt: „Wer die Kapelle bezahlt, bestimmt, was gespielt wird." Denn das Vergaberecht bestimmt nicht das „Was", sondern nur das „Wie" der Beschaffung. Im Rahmen seines Beurteilungsspielraums kann ein öffentlicher Auftraggeber daher ohne weiteres den Einsatz von BIM fordern, wenn er hierfür plausible Gründe hat (im Ergebnis auch Eschenbruch et al. 2014, S. 38; Dittmar 2015, S. 107). Eine etwaige Benachteiligung kleinerer Büros, sofern sich eine solche in der Praxis überhaupt zeigen würde, wäre dann aus vergaberechtlicher Sicht hinzunehmen.

2.4.2 Produktneutrale Ausschreibung

Besondere Bedeutung kommt im Bereich von BIM auch dem Prinzip der produktneutralen Ausschreibung zu. Zwischen den verschiedenen Planungsbeteiligten bestehen diverse, insbesondere auch softwaretechnische Schnittstellen. Dabei muss gewährleistet sein, dass die von den verschiedenen Beteiligten in bestimmten Dateiformaten und mittels bestimmter Software erarbeiteten Planungsergebnisse sich auch softwaretechnisch vom BIM-Manager in einem Gesamtmodell zusammenfügen lassen. Hierfür müssen die Softwareschnittstellen und die Anforderungen an die einzusetzenden Softwareprogramme vom Auftraggeber genau beschrieben (und unter Umständen sogar zwingend vorgegeben) werden, um am Ende ein einheitliches Gesamtprodukt zu erhalten.

Dabei ist der Grundsatz der produktneutralen Ausschreibung zu beachten. So heißt es in § 31 Abs. 6 Satz 1 VgV:

> In der Leistungsbeschreibung darf nicht auf eine bestimmte Produktion oder Herkunft oder ein besonderes Verfahren, das die Erzeugnisse oder Dienstleistungen eines bestimmten Unternehmens kennzeichnet, oder auf gewerbliche Schutzrechte, Typen oder einen bestimmten Ursprung verwiesen werden, wenn dadurch bestimmte Unternehmen oder bestimmte Produkte begünstigt oder ausgeschlossen werden, es sei denn, dieser Verweis ist durch den Auftragsgegenstand gerechtfertigt.

Daraus folgt, dass die produktspezifische Vorgabe des Einsatzes bestimmter Software grundsätzlich unzulässig ist. Vielmehr muss der Auftraggeber die von ihm gestellten Anforderungen an die Softwareprodukte neutral beschreiben, um es den Anbietern so zu ermöglichen, die Anforderungen durch den Einsatz verschiedener Softwareprodukte einzuhalten. So wird auf der Ebene der BIM-Software ein echter Wettbewerb geschaffen. Allerdings kann es – ausnahmsweise – durchaus zulässig sein, bestimmte Softwareprodukte zwingend vorzugeben, wenn nur dadurch eine sichere Handhabung der verschiedenen Schnittstellen möglich ist. Der Verweis auf ein bestimmtes Softwareprodukt kann in einem solchen Fall, um in der Diktion des § 31 Abs. 6 Satz 1 VgV zu bleiben, „durch den Auftragsgegenstand gerechtfertigt" sein. Ob eine solche Produktvorgabe im Einzelfall gerechtfertigt ist, kann nur anhand der konkreten Gestaltung des Einsatzes von BIM unter Berücksichtigung der verschiedenen Beteiligten festgestellt werden. Dies wird auch in der Zukunft von der Art und Güte von Schnittstellenlösungen zwischen verschiedenen Softwarelösungen abhängen. Je besser und verlässlicher derartige Schnittstellenlösungen arbeiten, desto schwerer wird sich insofern eine produktspezifische Ausschreibung rechtfertigen lassen.

Vollkommen zu trennen von der Regelung in § 31 Abs. 6 Satz 1 VgV, wonach Verweise auf bestimmte Produkte dann zulässig sind, wenn das durch den Auftragsgegenstand gerechtfertigt ist, ist die Regelung in § 31 Abs. 6 Satz 2 VgV. Dort heißt es:

> Solche Verweise sind ausnahmsweise zulässig, wenn der Auftragsgegenstand anderenfalls nicht hinreichend genau und allgemein verständlich beschrieben werden kann; diese Verweise sind mit dem Zusatz „oder gleichwertig" zu versehen.

Der Unterschied zu der in § 31 Abs. 6 Satz 1 VgV geregelten Ausnahme liegt darin, dass die Produktvorgabe in § 31 Abs. 6 Satz 2 VgV nur „beispielhaft" erfolgt, also andere (gleichwertige) Produkte angeboten werden dürfen. Die Vorgabe erfolgt gleichsam aus Gründen der Arbeitserleichterung für Auftraggeber bei der Erstellung der Leistungsbeschreibung nur deshalb, um eine „seitenlange" Beschreibung der Produktanforderungen zu vermeiden. Demgegenüber ist die durch den Auftragsgegenstand gerechtfertigte Produktvorgabe nach § 31 Abs. 6 Satz 1 VgV zwingend. Vergleichbare Produkte dürfen nicht angeboten werden. Von einer (in der Praxis allzu oft beobachteten) vorschnellen Anwendung der Regelung in § 31 Abs. 6 Satz 2 VgV und der Vorgabe eines Produktes mit der Möglichkeit, „gleichwertige" Produkte anbieten zu können, kann jedoch nur gewarnt werden. Denn oftmals wird es extreme Schwierigkeiten bereiten, zu prüfen und zu bewerten, ob ein abweichend angebotenes „gleichwertiges" Produkt wirklich mit dem beispielhaft benannten Produkt gleichwertig ist. Hier entzündet sich oftmals Streit, der zu Verzögerungen im Verfahren führt. Um den vergaberechtlichen Transparenzanforderungen Genüge zu tun, müssen den Bietern in jedem Fall im Vorhinein die Maßstäbe dargelegt werden, anhand derer die Gleichwertigkeit geprüft wird. Im Bereich von BIM-Softwareprodukten können dies bestimmte Produktanforderungen und Funktionalitäten und – vor allem – auch Interoperabilitäten mit anderen Systemen sein, anhand derer eine Gleichwertigkeit geprüft wird.

Im Ergebnis lässt sich festhalten, dass das Vergaberecht der Anwendung von BIM keinesfalls – wie teilweise befürchtet – entgegensteht. Dennoch müssen BIM-Spezifika bei der Ausschreibung berücksichtigt werden.

Was Sie aus diesem *essential* mitnehmen können

- Unter Beachtung der beschriebenen Kriterien wird der gesamte Planungs- und Bauprozess durch die Anwendung von BIM transparenter und effektiver (Vermeidung von Fehlern, Schaffung von Produktivitätsvorteilen, Minimierung von Risiken, Übersichtlichkeit).
- Durch BIM können lange andauernde und kostenintensive Rechtstreitigkeiten vermieden bzw. reduziert werden. Durch die Anwendung von BIM lassen sich insgesamt erhebliche Kosten sparen.
- Mit der zukunftsorientierten BIM-Methode schließt Deutschland im internationalen Wettbewerb wieder auf.
- Durch die noch nicht vorhandene Rechtsprechung bestehen gewisse Unsicherheiten, die allerdings vertragsrechtlich weitgehend in den Griff zu bekommen sind.
- Die Anpassung der rechtlichen Rahmenbedingungen an BIM wird einige Zeit dauern und erst einmal entsprechenden Mehraufwand verursachen.

F. Schrammel und E. Wilhelm, *Rechtliche Aspekte im Building Information Modeling (BIM)*, essentials, DOI 10.1007/978-3-658-15706-7

Literatur

Bundesministerium für Verkehr und digitale Infrastruktur (2015): Endbericht Reformkommission Bau von Großprojekten, abrufbar unter https://www.bmvi.de/SharedDocs/DE/Anlage/VerkehrUndMobilitaet/reformkommission-bau-grossprojekte-endbericht.pdf?__blob=publicationFile

Dittmar, T. (2015): BIM und Recht, BTGA-Almanach 2015, S. 104–107

Eschenbruch, K. (2015): Building Information Modeling (BIM) – Digitales Bauen und Auswirkungen auf die Vertragsbeziehungen der Beteiligten, Vortrag vom 18.09.2015 – 1337/2015

Eschenbruch, K. (2016): Building Information Modeling (BIM) – Digitales Planen und Bauen und Auswirkungen auf die Vertragsbeziehungen der Beteiligten, BauR Heft 2a 2016, S. 358–375

Eschenbruch, K.; Grüner, J. (2014): BIM – Building Information Modeling, Neue Anforderungen an das Bauvertragsrecht durch eine neue Planungstechnologie, NZBau 2014, S. 402–409

Eschenbruch, K.; Grüner, J. (2015): Das Leistungsbild des BIM-Managers, BauR Heft 5 2015, S. 745–752

Eschenbruch, K.; Malkwitz, A.; Grüner, J.; Poloczek, A.; Karl, K.-K. (2014): Maßnahmenkatalog zur Nutzung von BIM in der öffentlichen Bauverwaltung unter Berücksichtigung der rechtlichen und ordnungspolitischen Rahmenbedingungen – Gutachten zur BIM Umsetzung, Forschungsprogramm Zukunft Bau, ein Forschungsprogramm des Bundesministeriums für Verkehr, Bau- und Stadtentwicklung (BMVBS), abrufbar unter https://www.google.de/search?q=Gutachten+zur+BIM+Umsetzung&ie=utf-8&oe=utf-8&client=firefox-b-ab&gfe_rd=cr&ei=pZGDV8mJBauF8QfEqbSgAQ, Zugegriffen: 11. Juli 2016

Fischer, P.; Jungedeitering, J. (2015): Die BIM-Methode im Lichte des Baurechts, BauR Heft 1 2015, S. 8–19

Kehrberg, J.; (2015): Architekt als Sachwalter. In *Die Haftung des Architekten*, hrsg. G. Motzke,, M. Preussner, J. Kehrberg, 50. Köln: Werner Verlag

Kemper, R. (2016): BIM und HOAI, BauR Heft 3 2016, S. 426–428

Liebich, T.; Schweer, C.-S.; Wernik, S.-L. (2011): Die Auswirkungen von Building Information Modeling (BIM) auf die Leistungsbilder und Vergütungsstruktur für Architekten und Ingenieure sowie auf die Vertragsgestaltung, Abschlussbericht f. d.

F. Schrammel und E. Wilhelm, *Rechtliche Aspekte im Building Information Modeling (BIM)*, essentials, DOI 10.1007/978-3-658-15706-7

Forschungsvorhaben im Auftrag des Bundesinstituts für Bau-, Stadt- und Raumforschung (BBSR) im Bundesamt für Bauwesen und Raumentwicklung (BBR), abrufbar unter https://www.google.de/search?q=3.%09Building+Information+Modeling+(BIM)+%E2%80%93+Digitales+Bauen+und+Auswirkungen+auf+die+Vertragsbeziehungen+der+Beteiligten&ie=utf-8&oe=utf-8&client=firefox-b-ab&gfe_rd=cr&ei=15ODV7bOG-Lj8wf8s5PYBA#q=Digitales+Bauen+und+Auswirkungen+auf+die+Vertragsbeziehungen+der+Beteiligten, Zugegriffen: 11.07.2016

Obermeyer, M.-E.; Hausknecht, K.; Liebich, T.; Przybylo, J. (2013): BIM-Leitfaden für Deutschland – Endbericht i. R. d. Forschungsprogramms Zukunft Bau des Bundesinnenministeriums für Verkehr, Bau und Stadtentwicklung (BNVBES), abrufbar unter http://www.bbsr.bund.de/BBSR/DE/FP/ZB/Auftragsforschung/3Rahmenbedingungen/2013/BIMLeitfaden/Endbericht.pdf?__blob=publicationFile&v=2, Zugegriffen: 11. Juli 2016